U0189622
图说海洋科普丛书
青少版

图说海洋生物

魏建功 主编

中国海洋大学出版社
·青岛·

图书在版编目（CIP）数据

图说海洋生物 / 魏建功主编. — 青岛 : 中国海洋大学出版社, 2021.1 （2023.3 重印）
（图说海洋科普丛书 : 青少版 / 吴德星主编）
ISBN 978-7-5670-2757-2

Ⅰ. ①图… Ⅱ. ①魏… Ⅲ. ①海洋生物–青少年读物 Ⅳ. ①Q178.53-49

中国版本图书馆CIP数据核字(2021)第005782号

图说海洋生物
TUSHUO HAIYANG SHENGWU

出版发行 中国海洋大学出版社
社　　址 青岛市香港东路23号　　邮政编码 266071
出 版 人 杨立敏
网　　址 http: //pub.ouc.edu.cn
订购电话 0532-82032573（传真）
责任编辑 滕俊平
照　　排 青岛光合时代文化传媒有限公司
印　　制 青岛海蓝印刷有限责任公司
版　　次 2021年3月第1版
印　　次 2023年3月第2次印刷
成品尺寸 185 mm × 225 mm
印　　张 5.75
印　　数 5001~9000
字　　数 80千
定　　价 26.00元

图说海洋科普丛书　青少版

启迪海洋兴趣　扬帆蓝色梦想

是谁，在轻轻翻卷浪云？

是谁，在声声吹响螺号？

是谁，用指尖舞蹈，跳起了“走进海洋”的圆舞曲？

是海洋，也是所有爱海洋的人。

走进蓝色大门，你的小脑袋瓜里一定装着不少稀奇古怪的问题——“抹香鲸比飞机还大吗？”“为什么海是蓝色的？”“深潜器是一种大鱼吗？”“大堡礁里除了住着小丑鱼尼莫，还住着谁？”“北极熊为什么不能去南极企鹅那里做客？”

海洋爱着孩子，爱着装了一麻袋问号的你，她恨不得把自己的

一切告诉你，满足你的好奇心和求知欲。这次，你可以在本丛书斑斓的图片间、生动的文字里寻找海洋的影子。掀开浪云，千奇百怪的海洋生物在“嬉笑打闹”；捡起海螺，投向海洋，把你说给“海螺耳朵”的秘密送给海流。走，我们乘着“蛟龙”号去见见深海精灵；来，我们去马尔代夫住住令人向往的水上屋。哦，差点忘了用冰雪当毯子的南、北极，那里属于不怕冷的勇士。

海洋就是母亲，是伙伴，是乐园，就是画，就是歌，就是梦……

你爱上海洋了吗?

Foreword 前言

亲爱的小读者，请闭上眼睛想一想，你能说出多少海洋家族成员的名字？海牛、大白鲨、海豚、章鱼、海马……还有呢？想不起来了吗？快睁开眼睛，欢迎来到蔚蓝王国，海洋精灵们在这里等你！

海洋生物是海洋世界的主人。正是因为有它们，广袤的海洋世界才会充满欢歌笑语，才会热闹非凡、生动多彩。海洋生物是个庞大的群体，据科学家统计，海洋生物有上百万种，假如要一一认识它们，那可要花上很长时间呢。不妨先拜访一些声名显赫的家族吧。接下来，海洋哺乳动物、海洋鱼类、海洋鸟类、海洋虾蟹、海洋贝类、海洋植物等几大家族会依次登场亮相。每个家族会派出最具个性的成员来展示它们的风采。你不仅能一睹潜水冠军的英姿，欣赏海洋甜心的表演，还可以观察海底的鱼儿怎样发电、发光……

和海洋生物做朋友吧，它们需要你的疼爱和关心，也会给你带来快乐！

Contents 目录

海洋哺乳动物 / 01

会喷水的潜水冠军——抹香鲸 / 02
海中独角兽——一角鲸 / 04
海洋甜心——海豚 / 06
传说中的美人鱼——海牛 / 14
长牙瞌睡大王——海象 / 16
其他常见家族成员 / 18

海洋鱼类 / 19

海中杀手——大白鲨 / 20
会发电的鱼——电鳐 / 24
宝宝在爸爸肚子里发育的鱼——海马 / 26
长着“钓鱼竿”的鱼——鮟鱇 / 28
凶猛的捕食者——海鳗 / 30
气泡鱼——河鲀 / 32
会“飞”的鱼——飞鱼 / 34
游泳健将——金枪鱼 / 37
其他常见家族成员 / 38

海洋鸟类 / 39

海上安全预报员——海鸥 / 40
空中强盗——军舰鸟 / 43
鸟类笑星——海鹦 / 46
其他常见家族成员 / 50

海洋虾蟹 / 51

虾中王者——龙虾 / 52

蟹将军——梭子蟹 / 54

其他常见家族成员 / 56

海洋贝类 / 57

海洋活化石——鹦鹉螺 / 58

身怀绝技——章鱼 / 60

海中牛奶——牡蛎 / 63

其他常见家族成员 / 66

海洋植物 / 67

海岸卫士——红树林 / 68

碱性食物之冠——海带 / 71

其他常见家族成员 / 72

其他海洋生物 / 73

蓝血活化石——鲎 / 74

再生高手——海星 / 76

夏眠高手——海参 / 78

海洋微生物 / 80

海洋哺乳动物

海洋哺乳动物是海洋中的“风云人物”，是陆地返回海洋生存的特殊群体。抹香鲸是鲸类中的潜水冠军；一角鲸有神奇的长牙；海牛长相特别，真让人难以相信它就是传说中的美人鱼……

会喷水的潜水冠军——抹香鲸

蔚蓝的海洋中有一群巨兽，它们有着庞大的身躯，是世界上最大的齿鲸；它们身怀绝技，是鲸类大家庭中的潜水冠军。它们就是抹香鲸。

鲸王国的潜水冠军

抹香鲸能潜到2 000多米的深海中长达1.5小时，是潜得最深、最久的鲸！

把水柱喷歪的大块头

抹香鲸的鼻孔长在头顶上，呼气时会喷水！

“我有两个鼻孔，右侧鼻孔生来就阻塞了，只有左侧的畅通。因此，我浮出水面时总是身体偏右，所以把水柱喷歪啦！”

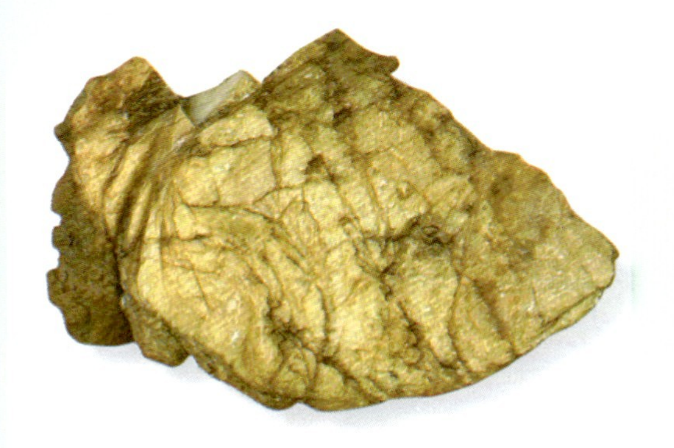

2018年，泰国一渔民在海滩散步时捡到一块重约6.3千克的鲸的“呕吐物”。专家证实，这块“呕吐物”中龙涎香的含量高达80%以上，估价为32万美元（约210万元人民币）。

抹香鲸与龙涎香

抹香鲸吃的一些食物不易消化，于是肠道分泌出一种蜡状物将食物残渣包起来，慢慢就形成了龙涎香。

海中独角兽——一角鲸

在寒冷的北极海域，生活着一群神秘的独角兽。它们游得飞快，头上的长牙仿佛能把一切物体刺穿。它们就是一角鲸。

走近一角鲸

成年一角鲸体长4～5米，雌一角鲸体重很少有超过750千克的，但有的雄一角鲸体重接近1 500千克。

生物学家指出，其实一角鲸有两个牙，且都长在上颌上。雌一角鲸有20厘米长的牙杆隐于上颌中。雄一角鲸长到一岁时，左牙便刺破上唇向前生长，最后长成一根长达3米，基部周长20厘米，空心、螺旋形的长牙。

揭秘一角鲸的长牙

一角鲸未成年时有两颗牙齿。

雄一角鲸成年后左侧的牙齿会破唇而出长成长牙，极少数会形成双长牙。

一角鲸用长牙凿“呼吸孔”。

长牙最长、最粗的雄一角鲸能赢得更多雌一角鲸的喜爱。

海洋甜心——海豚

它长相可爱，聪明伶俐，还乐于助人，是大家喜爱的甜心。是谁这么讨人喜欢？它就是海豚！

走近海豚

海豚的大脑是海洋动物中最发达的。海豚的大脑由两部分组成，一部分工作时，另一部分可以休息。

虎鲸也是海豚家族的一员。

温馨的海豚母子

“我会表演节目。”

一头海豚士兵在执行排雷任务。

海豚士兵

美国海军中有一群特殊的海豚士兵，这些士兵经过训练后可以从事多种军事活动，比如排雷、保护潜水设施。海豚士兵的服役期一般为25年。

海豚在训练。

海豚在“哭泣”

人类的捕杀和环境污染使海豚面临生存威胁，导致海豚数量大幅度下降。

日本市场出售的鲸肉和海豚肉

海豚被杀

人与海豚

传说中的美人鱼——海牛

在童话世界里，美人鱼有天使般的容颜和百灵鸟般的歌喉，可你知道美人鱼的真身是什么吗？

美人鱼并不是鱼，而是一种大型水生哺乳动物，它就是海牛。

“爱哭”的家伙

海牛“爱哭”，每当它把头探出海面时就会不停地流眼泪。其实，它的眼泪只是一种用来保护眼球、含有盐分的液体。

“水中除草机”

海牛是典型的食草动物。海牛吃海草时就像除草机一样，一片一片地吃过去。

小链接

非洲曾有一种水草阻塞河道。政府花了100万美元清理水草，但隔了两周，水草又长了出来。后来，人们在河道里放养了两头海牛，这一难题就迎刃而解了。

长牙瞌睡大王——海象

海象是大型的鳍脚类动物。成年海象一般体长3~5米，体重700~800千克。海象主要生活在北极地区，喜欢短途旅行，因此在太平洋和大西洋中也会看到它的身影。

海象是近视眼，两只小眼常常眯着，看上去像睡着了。

一群爱睡懒觉的海象

成年海象都长有一对长牙。可别小瞧这对长牙哦，它们的功能可多啦！

海象用长牙寻找食物。

海象用长牙和敌人搏斗。

海象用长牙凿开冰面。

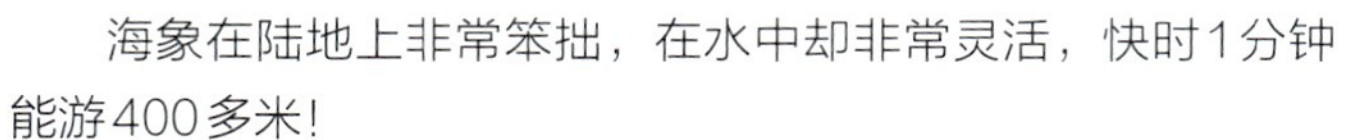

海象在陆地上非常笨拙，在水中却非常灵活，快时1分钟能游400多米！

蓝鲸，大叫时比喷气式飞机发出的声音还大。

其他常见家族成员

海豹，在南极最多。

座头鲸，被赞为“海洋歌唱家”。

海狮，通常集群活动。

海獭，主要生活在北冰洋。

海洋鱼类

海洋鱼类是海洋中的精灵，从炎热的赤道到寒冷的两极，从海水表层到海底深渊，都能看到它们灵动的身影。海洋鱼类中的“大哥大”是大白鲨。它非常凶残，几乎让所有的海洋动物都感到害怕。除了大白鲨外，还有很多奇特的鱼，它们有的会放电，有的会发光，有的还会“飞”！

海中杀手——大白鲨

它威名显赫，霸气的外表、锋利的牙齿、凶狠的攻击几乎让所有的海洋动物都害怕，它就是最大的食肉鱼——大白鲨。

走近大白鲨

大白鲨虽然叫“大白鲨”，但它的背部一般为灰色、淡蓝色或淡褐色，腹部呈白色。这种肤色可以帮助大白鲨有效隐藏自己。

大白鲨口中前面的任何一颗牙齿脱落后，后面的牙齿就会自动补充过来。

大白鲨牙齿的背面有倒钩。

大白鲨皮肤上有倒刺。

大白鲨是唯一可以把头部直立于水面上的鲨鱼。

大白鲨好奇心很强，喜欢用牙齿来啃咬感兴趣的东西。

海中杀手

大白鲨对气味非常敏感，尤其是对血腥味。其他海洋动物即使流很少的血，也可能引来大白鲨。

当一只大白鲨受伤时，其他的大白鲨会立刻赶来把它吃掉。

会发电的鱼——电鳐

你听说过会发电的鱼吗？迄今为止，人们发现了三种会发电的鱼：电鲇、电鳗和电鳐。其中，电鳐被人们称为“活的发电机”。最大的电鳐长达2米。

电鳐为什么会发电？

电鳐的发电器是身体两侧的上万枚肌肉薄片，就像一个个电板。

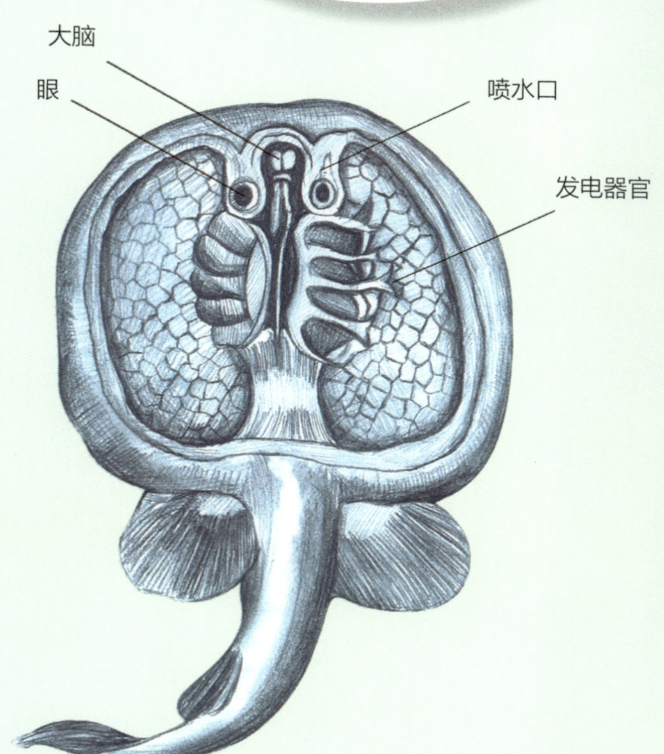

黑斑双鳍电鳐

放电啦！

电鳐通过放电把水中的小鱼虾电晕，然后美美地吃上一顿。

北大西洋的一种电鳐，放一次电的电量能把30个100瓦的灯泡点亮。

为什么电鳐放电时电不到自己？

为什么电鳐放电时电不到自己？这是因为电鳐的“电板”之间充满了胶质物，可以起到绝缘作用。

宝宝在爸爸肚子里发育的鱼——海马

海马是鱼？

别看海马的名字中有“马”字，其实它是生活在海洋中的一种鱼。它的头长得像马，嘴呈管状，尾巴略尖而弯曲。

“亲爱的，让我听听宝宝的声音！”

爸爸的育儿囊

成年雄海马有腹囊（又称“育儿囊”），雌海马没有。

海马爸爸的育儿囊

每到繁殖期，雌海马会把卵放在雄海马腹部的育儿囊中，经过4~5周的孵化，海马宝宝就出生啦！

海马爸爸和海马宝宝

“动眼神功”

海马的两只眼睛可以分别转动。

长着“钓鱼竿”的鱼——鮟鱇

鮟鱇长相丑陋，但它有种特殊的本领——用“钓鱼竿”“钓鱼”，厉害吧！

丑陋的长相

鮟鱇头部大而扁，呈圆盘状，口宽且大，身上有许多皮质突起，非常丑陋。

神奇的“钓鱼竿”

鮟鱇背上的鳍条彼此分开，第一个背鳍逐渐向头部延伸，一直伸到嘴边，好像“钓鱼竿”。

“钓鱼竿”末端膨大，能发出淡淡的荧光，像一只小“灯笼”。

鮟鱇“钓鱼”

鮟鱇把自己藏起来，只留发光的小“灯笼”在外边。小鱼看到光亮就会慢慢靠近。

鮟鱇慢慢地把小“灯笼”移到了自己的嘴前。

“啪”的一声，大嘴一闭，小鱼都成了鮟鱇的美餐。

“有敌情，关灯！”

凶猛的捕食者——海鳗

海鳗是非常凶猛的食肉性鱼类。

海鳗经常藏匿在泥沙或岩穴中，在风浪大、海水变浑浊时出来觅食。

大部分鱼类捕食，是张开嘴将猎物吸进去。海鳗的捕食方法不同于它们。在捕食时，海鳗会以闪电般的速度靠近猎物，然后咬住猎物；同时，隐藏在咽喉后部的咽颌会将猎物“拖”入腹中。

气泡鱼——河鲀

身上长满了密密麻麻的小刺，情况不妙时，会吞进大量的空气或水，把自己变成带刺的球。它是谁？它就是气泡鱼——河鲀。

独门逃生术

“敌人来袭时，我会吞进大量的水或空气，同时我背上的细刺会变得很坚硬。这样敌人就很难抓到我啦！”

“我会‘动眼神功’，一只眼睛盯住目标，另外一只放哨。”

捕食本领强

“饿的时候，我会把泥沙吹起来，然后捕食躲在泥沙中的猎物。”

河鲀虽美味，食用须谨慎

“不尝河鲀，不知鱼味。”河鲀的肉质鲜美可口，有很高的营养价值。可是，河鲀却是一种毒性很强的鱼。

毒素主要存在于河鲀的性腺、脾脏、肝脏、肠胃、眼睛等部位和血液中，肉多为弱毒或无毒。

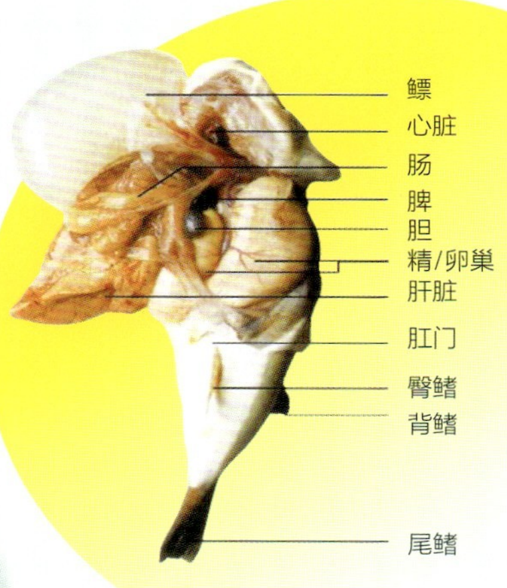

食用河鲀中毒后，一般很难治愈，所以千万要谨慎。

会“飞”的鱼——飞鱼

大千世界，无奇不有，有不会飞的鸟，也有会“飞”的鱼。

会“飞”的鱼

飞鱼是一种海洋鱼类，虽然没有翅膀，但是胸鳍特别发达，就像飞机的机翼一样，再加上流线型的身体，使飞鱼可以跃出水面十几米高，最远能“飞”400多米。

“飞”的秘密

飞鱼并不是真正会“飞”，它只是借助尾鳍拍打海水的力量跃出水面滑翔而已。

飞鱼“起飞”前，必须先在水中高速游泳，并用尾鳍快速拍水，从而获得较大的推力，“蹭”的一下，起飞成功。

离开水面后，飞鱼张开又长又宽的胸鳍向前滑行，看起来就像飞一样。

小链接

有人曾做过试验，把飞鱼的尾鳍剪去再放回海中，它便再也不能腾空飞起了。

飞出的意外

飞鱼是鲨鱼、金枪鱼等凶猛鱼类争相捕食的对象，它掌握的跃水飞行的本领可以用来逃避危险。不过，飞鱼的这种飞行本领也是会带来危险的。它可能会被海鸟捕获，葬身鸟腹；可能会撞在礁石上，摔个粉身碎骨；还有可能跌落在甲板上，成为人类餐桌上的美食。

飞鱼不小心飞到了甲板上。

飞鱼不幸遇到了海鸟。

游泳健将——金枪鱼

金枪鱼的鳃肌退化，必须靠游泳时张着嘴，使水流经过鳃部来吸氧呼吸，因此，金枪鱼只能不停地游泳。

金枪鱼一小时能游30～50千米，全力冲刺时能达到每小时160千米。

绝大多数鱼是冷血的，而金枪鱼却是热血的，它们的体温一般为33℃～35℃。

其他常见家族成员

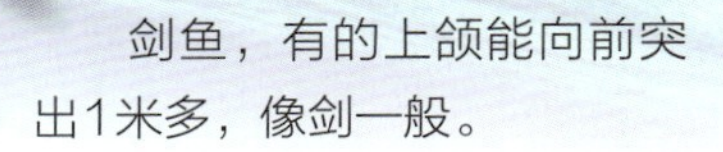

剑鱼，有的上颌能向前突出1米多，像剑一般。

比目鱼，两只眼睛长在身体同一侧。

眼镜鱼，像一块变色的眼镜片。

鲫鱼，头背部有吸盘，以此附着在其他鱼身上，被称为“免费的旅行家”。

小丑鱼，与海葵有密切的共生关系，因此又称“海葵鱼”。

石斑鱼，营养丰富，有“海鸡肉”之称。

海洋鸟类

海洋鸟类是卵生动物，孵化时宝宝总要用点力气才能破壳而出。海洋鸟类的宝宝长大以后，身体变成了漂亮的流线型，不仅翅膀发达，还锻炼出了强健的胸肌和心脏。

海上安全预报员——海鸥

它是蔚蓝海洋之上的白色精灵，是搏击风浪的勇士，还是海上安全预报员。它就是人类的好朋友——海鸥。

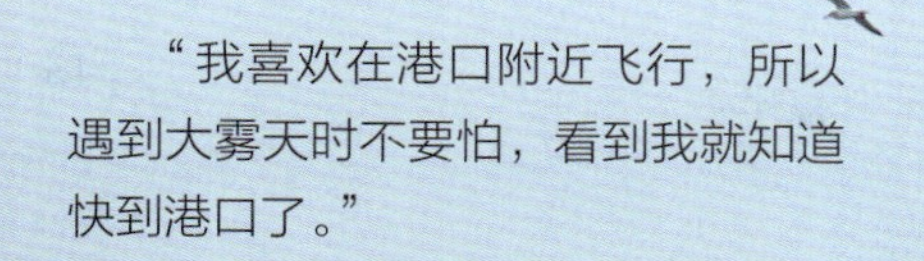
“我喜欢在港口附近飞行，所以遇到大雾天时不要怕，看到我就知道快到港口了。”

“我的骨骼是管状的，没有骨髓但充满空气，好像气压表，能帮助我及时预知天气变化。”

“我经常落在浅滩、岩石或者暗礁上，假如你看见我们一大群聚在一个地方，那你可要小心附近有暗礁啦！”

“假如看到轮船遇到不测，我会召集周围的伙伴赶过来，盘旋在失事轮船的上方，引导救援船前来援救。”

我和海鸥有个约会

海鸥是候鸟，冬天它们会迁徙到温暖的地区。

“海鸥，明年你还来找我玩吗？”

空中强盗——军舰鸟

军舰鸟是一种极善飞行的海鸟，素有“飞行冠军”之称。但它却利用自己的这个本领抢其他鸟的食物，因此被称为“空中强盗”。

繁殖期间，为了赢得雌鸟的喜爱，雄鸟的红色喉囊会鼓起来。

飞行健将

军舰鸟翅膀宽大。一只体重3~4千克的军舰鸟的翅膀展开时足有2.5米宽。它的骨骼轻但坚固，加上发达的胸肌，使它飞行速度很快且适宜进行远距离飞行。

空中强盗

凭借自己高超的飞行技能和矫健凶猛，军舰鸟经常拦路抢劫其他鸟的劳动果实。军舰鸟会用翅膀拍打或用喙啄，强迫其他鸟把吞下去的鱼吐出来。

军舰鸟的羽毛不具有防水性，因此它们虽为海鸟却很少游泳。

军舰鸟贴近海面飞行

鸟类笑星——海鹦

它灰白的两颊中间长有一张三角形的大嘴巴，上面有灰蓝色、黄色和红色，看上去鲜艳美丽，不禁让人想起马戏团中的小丑。然而它的表情却很严肃，走起路来总是“一本正经”。它是谁？它就是被人们称为“鸟类笑星”的海鹦。

潜水本领强

海鹦不仅能在海上浮游，还能潜到水下寻找食物，是世界上潜水本领最强的鸟类之一。

它能轻而易举地潜入水下60米处捕食，直到宽大的嘴巴被食物填满时才浮出海面。

海鹦经常横叼着10多条小鱼带给巢中的宝宝。

温馨的“三口之家”

海鹦妈妈一次只产一枚卵，因此在地面生活的海鹦一般都是“三口之家”。海鹦爸爸和妈妈非常恩爱，一旦结为夫妻，它们便忠贞不渝。

海鹦宝宝出生后的前六个星期由父母喂养。爸爸妈妈每天多次衔着鱼回来喂它们的宝贝，结果宝宝都长得比较胖。六个星期后，小海鹦羽翼变得丰满时就会离开父母到海上独自谋生。

“三口之家”

海鹦衔着枝条准备筑巢。

崇尚集体生活

海鹦喜欢集体生活，不论是在迁徙途中，还是在栖息地，它们总是成群结队，统一行动。

集体行动是一种很有效的自卫方式，不仅可以显示家族的庞大和威力，还能标出它们栖息地的范围，警告其他海鸟不得入侵其领地。

其他常见家族成员

海燕，能迎着暴风雨飞翔。

企鹅，不能飞翔，但擅长游泳和潜水。

贼鸥，经常抢夺其他鸟的食物和住所。

褐鹈鹕，嗉囊发达，是捕鱼能手。

信天翁，有超强的滑翔能力。

白头海雕，性情凶猛，为美国国鸟。

海洋虾蟹

海洋虾蟹用鳃呼吸，是卵生动物，头胸部发达的“盔甲”和10只灵活的步足是它们的家族特征。海洋虾蟹的身体由头胸部和腹部组成，只不过虾族成员的腹部比较发达，蟹族成员的腹部退化藏到了头胸甲的下面。

虾中王者——龙虾

龙虾，身长一般为20～30厘米，重0.5千克左右。有的龙虾能达到5千克以上，是虾类中的“大哥大”。龙虾有两只螯，左侧为刺螯，右侧为碎螯。

虾王风姿

多色的龙虾

肢体再生

遇到危险时，龙虾可以丢下自己的肢体迷惑捕食者。

蟹将军——梭子蟹

威武的蟹将军

蟹将军·小·习惯

梭子蟹经常白天潜伏在海底，晚上出来寻找食物，且趋光性很强。

遇到敌人时，梭子蟹会高高举起螯足和对方战斗。

要是打不过对方，梭子蟹就赶快藏到海底的沙石下面或洞穴中。

其他常见家族成员

螳螂虾，颜色艳丽。

对虾，因过去人们以“一对”为单位买卖而得名。

绵蟹，头胸甲表面有短软毛。

细点圆趾蟹，头胸甲上有个H形沟。

锈斑蟳，胸甲上有橘黄色的斑纹。

红星梭子蟹，俗称“三眼蟹”。

海洋贝类

海洋贝类家族成员喜欢在海底爬行或者固着生活，主要有腹足纲、头足纲和双壳纲三个大家族。

腹足纲成员有螺旋形的外壳，如海洋活化石鹦鹉螺；头足纲成员的脚长在头上，如会放“烟雾弹”的乌贼和章鱼；双壳纲的家族成员有两扇漂亮的贝壳，如海中牛奶牡蛎。

海洋活化石——鹦鹉螺

鹦鹉螺在地球上经历了数亿年的演变，但外形、习性变化很小，因此被人们称为“海洋活化石”。

鹦鹉螺因外壳形状像鹦鹉的嘴巴而得名。

鹦鹉螺正在吃一只螃蟹。

鹦鹉螺怎样在水中运动

壳内有很多独立的“小房间”，由一根体管相通，鹦鹉螺通过控制气体排放来完成升降。

数学家也着迷于螺旋纹，认为其中暗含了某数列。

神秘的鹦鹉螺壳

据说，鹦鹉螺的运动方式，在某种意义上启发人类制造出了第一艘核潜艇“鹦鹉螺”号。

出土于南京东晋王兴之夫妇墓的鹦鹉螺杯。

身怀绝技——章鱼

它有着聪明的大脑，会向敌人放“烟雾弹”，还会变色。是谁本领这么大？它就是章鱼！

章鱼的体型相差很大，最小的体长仅有2.5厘米，最大的章鱼腕足伸展开来有9米多长。

章鱼常用腕足在海底爬行。

章鱼的本领

本领一：遇敌喷墨，迷惑敌人

遇到危险时，章鱼首先会向敌人放出“烟雾弹”，喷出浓浓的墨汁迷惑敌人。

本领二：有高度发达的含色素细胞，能迅速改变体色

本领三：聪明的大脑

章鱼最神奇的地方在于它有三个心脏、两个记忆系统，大脑中有5亿个神经元，能够独自解决复杂的问题。

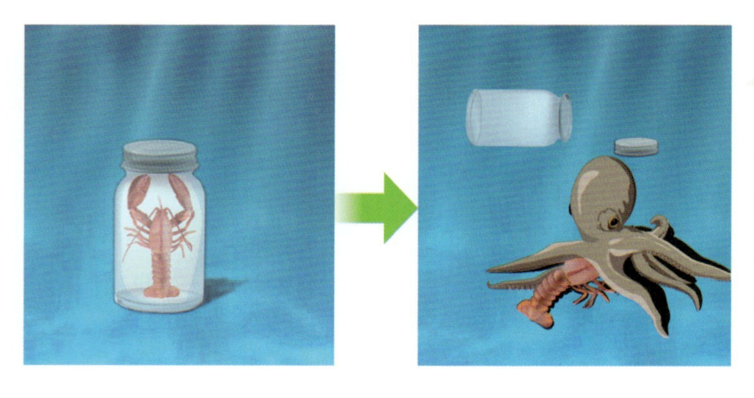

科学家曾经做过一个实验：把一只装着龙虾的玻璃瓶放到水中，但瓶口用软木塞塞住。章鱼围绕这只瓶子转了几圈后，用腕足从各种角度拨弄软木塞，最后终于把塞子拔了出来，美美地吃了一顿。

海中牛奶——牡蛎

欧洲人把它称为“海中牛奶”，古罗马人把它誉为“圣鱼”，日本人则把它称为“根之源”。是谁有这么多动听的名字？是牡蛎！

牡蛎的两扇贝壳，一面大而隆起，另一面小而平整。

非凡的贝壳

刚出生时，小牡蛎能在水中自由游泳。它找到合适的环境后，就附着在岩石或其他坚硬的物体上，安家落户。牡蛎一旦选中住处，就不会再移动。

涨潮时，牡蛎过滤海水，从中取食。

退潮时，把贝壳关闭，舒服地睡大觉。

大量的牡蛎附着在礁石上。

其他常见家族成员

鲍鱼，四大海味之一。

海菊蛤，珍贵蛤类，较少见。

砗磲，双壳类中最大的种类，壳长可达1.8米。

蛤蜊，被称为“天下第一鲜”。

红螺，因壳口内面呈橘红色而得名。

扇贝，有很高的营养价值。

海洋植物

在辽阔的海洋世界中，除了生活着许多动物外，还有异彩纷呈的海洋植物。海洋植物可以简单地分为两大类：藻类植物，占海洋植物的绝大多数，不开花也不结种子，以孢子繁衍后代；种子植物，种类很少，如红树。

海岸卫士——红树林

红树林是热带、亚热带滨海特有的植物群落。因其中的树木大部分属于红树科，所以在生态学上统称为“红树林”。

红树林能调节气候，净化海水和空气，降低赤潮的发生频率，还能防浪护岸，被称为“海岸卫士”。

红树枝叶表皮有排盐腺，所以不会被海水“咸死”。

“胎生”的红树“宝宝”

红树种子成熟后会留在母树的果实内萌芽。

红树“宝宝”落地生根。

碱性食物之冠——海带

海带是一种常见的海洋藻类，碘的含量很高，有“碱性食物之冠”的美称。

海带美食

收获海带

其他常见家族成员

掌状红皮藻，富含多种营养成分。

裙带菜，叶片像裙带。

巨藻，是海藻中个体最大的一种。

紫菜，叶子扁平，像蝉的翅膀那样轻薄。

浒苔，大规模出现时会破坏海洋生态环境。

其他海洋生物

蔚蓝的海洋博大宽广，常住居民除了海洋哺乳动物、海洋鱼类、海洋鸟类、海洋虾蟹、海洋贝类、海洋植物之外，还有很多其他居民，比如，有着蓝色血液的鲎，浑身长满“小疙瘩”的棘皮动物海星、海参以及神秘微小的海洋微生物。

蓝血活化石——鲎

鲎出现在古生代，当时恐龙尚未出现。4亿多年过去了，恐龙灭绝了，鲎却依然保持着古老的样貌在海洋中安静地生活。因此，人们称它为“活化石”。

鲎一旦“结婚”，就会形影不离。

雌鲎常背着“丈夫”爬行。

海滩上成群结队的鲎。

鲎是蓝血动物，血液中含有铜离子。

再生高手——海星

海洋中有一位再生高手，生命力强大。它就是海星。

海星通常有 5 只“胳膊”，但也有4只、6只甚至十几只“胳膊”的海星。

海星吃东西时把胃从嘴里“吐”出来，包住食物，然后慢慢品尝、消化。

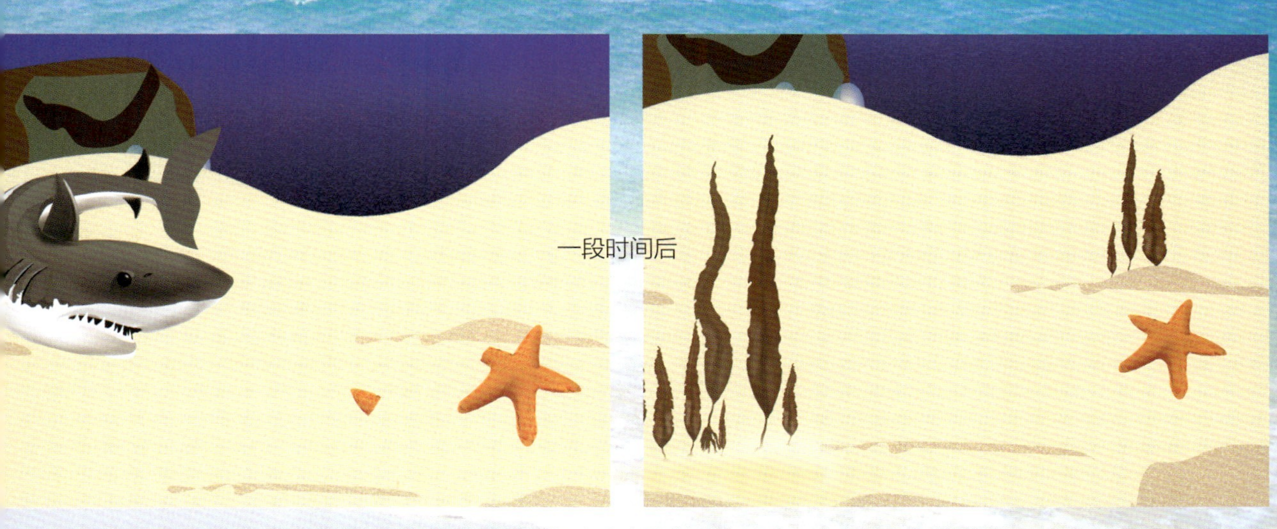

假如把海星撕成几块抛入海中，每一块又会重新长出失去的部分，成为一个完整的新海星。

夏眠高手——海参

海参家族有着6亿多年的悠久历史，算是海洋中的“元老级人物”！

夏眠的海参

一只正在夏眠的海参

海参不喜欢高温，水温超过20℃时，海参就会迁到凉快的海底睡大觉。

天气变凉后，海参会醒过来出去活动。

会变色的海参

海参的“排异功能”

一段时间后……

“我不喜欢身上有奇怪的东西！”

“把它们丢在一边！”

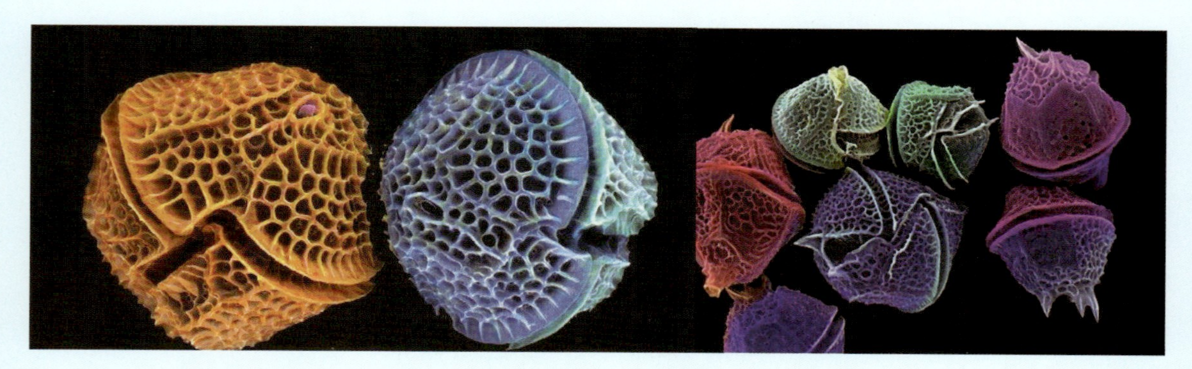

甲藻

海洋微生物

海底世界中，有一个庞大的“微小”家族，是海洋中不可缺少的成员！这就是海洋微生物。海洋微生物是海水中只有借助显微镜才能看到的微小生物。

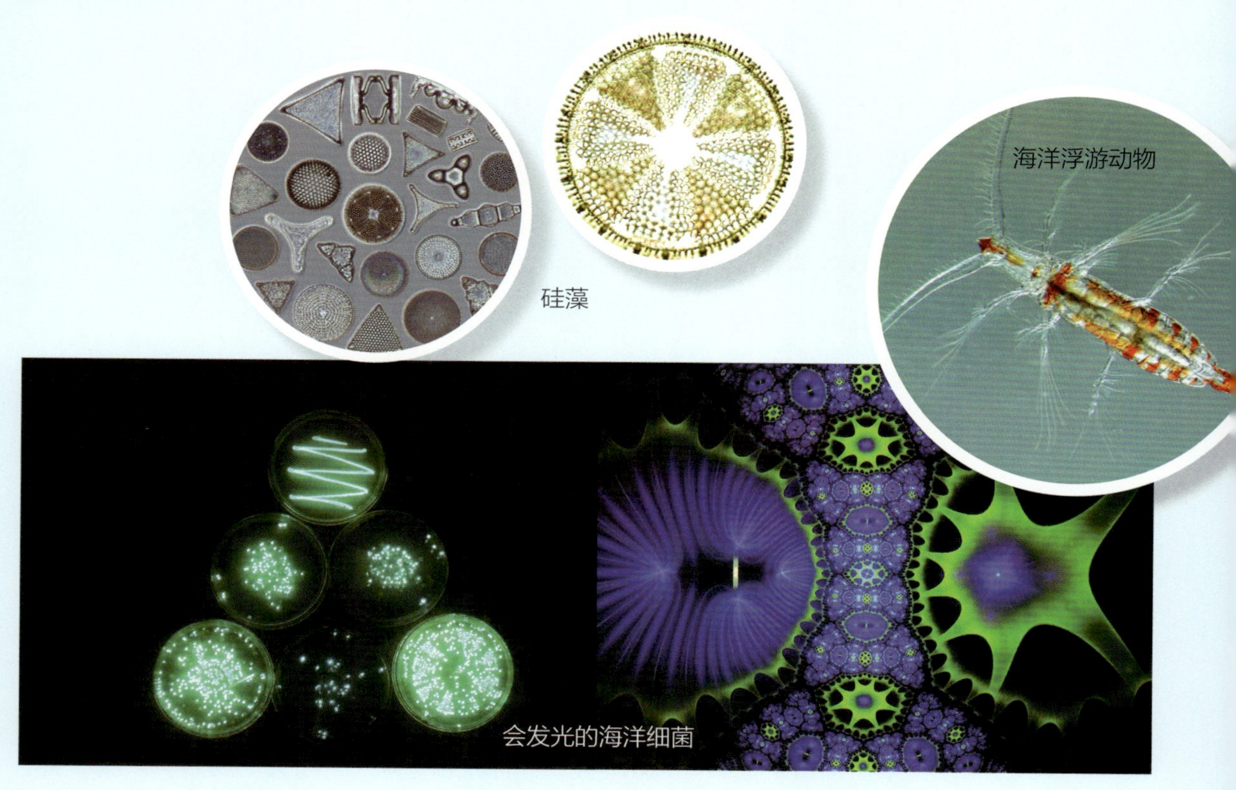

硅藻

海洋浮游动物

会发光的海洋细菌